LOS ERRORES DE LA FISICA

Mis especulaciones astrofísicas

Por Rofer Aspid

Aviso al lector

Este libro combina teorías físicas ampliamente aceptadas con reflexiones personales y especulaciones propias del autor. Aunque se han hecho esfuerzos por presentar las teorías científicas de manera precisa, las ideas y propuestas que no estén respaldadas por evidencia empírica deben considerarse como meras hipótesis o pensamientos exploratorios.

El propósito de esta obra es estimular la curiosidad, el pensamiento crítico y el debate, no ofrecer afirmaciones definitivas ni sustituir fuentes académicas o científicas autorizadas.

El autor no asume responsabilidad por interpretaciones o aplicaciones erróneas de los conceptos presentados. Se recomienda a los lectores que consulten referencias científicas adicionales si desean profundizar en los temas tratados.

© Rofer Aspid 2024
Todos los derechos reservados.
Este libro, o cualquier parte del mismo, no puede reproducirse, almacenarse en un sistema de recuperación, o transmitirse en cualquier forma o por cualquier medio, ya sea electrónico, mecánico, fotocopiado, grabado u otros, sin el permiso previo y por escrito del autor, excepto en el caso de citas breves utilizadas en reseñas críticas o académicas.

INDICE

- PROLOGO: Mis especulaciones astronómicas
- Sobre los átomos y sobre la naturaleza de la luz
- Sobre la Teoría de la Relatividad
- El efecto cuántico o la aleatoriedad del movimiento
- Los cuarks y el super adhesivo atómico
- Hipótesis sobre las características intrínsecas del éter lumífero
- Las singularidades de los Agujeros Negros
- El electrón ¿un agujero negro en el microcosmos?
- Las Incongruencias de los Cúmulos Globulares
- Sobre la gravedad
- Mas sobre la gravedad
- Teoría sobre la luz - Atrevidas conclusiones
- ¿Por qué nos sentimos mal cuando sopla el "PONIENTE"?

PROLOGO:

Lo que siempre me ha fascinado mas de la física de partículas es el pensar que a pesar de la aparente solidez de lo que me rodea, por ejemplo, el teclado en el que escribo, la mesa en que reposa, si pudiera abrirme paso con un microscopio potente hasta llegar a los átomos, comprobaría que en realidad la materia es extraordinariamente escasa, porque las partículas son extremadamente livianas y separadas unas de otras por enormes distancias relativas, o sea, los cuerpos que nos parecen tan solidos en realidad son vacíos casi absolutos sembrados de pequeñas partículas de materia.

Tiene similitud con lo que pasa en astronomía, con las estrellas y las galaxias, que están a enormes distancias unas de otras y en medio hay tremendas distancias de vacío.

En resumen, aunque vivimos en un mundo que nos parece consistente, la verdad es que esta casi todo hueco, es un mundo solo sembrado de pequeñísimas partículas separadas entre si por enormes distancias relativas de vacío, y eso ocurre tanto si pensamos en el mundo de lo muy pequeño, en lo atómico, como en el mundo de lo muy grande, lo astronómico.

Nosotros estamos en un lugar intermedio de tamaño, mirando hacia ambos lados, dotados de unos sentidos que nos son útiles en lo cotidiano, pero que fallan tanto en la interpretación de lo pequeño como de lo muy grande.

Y uno de mis pasatiempos más frecuentes es el de elucubrar mentalmente sobre la naturaleza y las leyes que rigen el mundo de lo muy pequeño y lo muy grande, es decir, sobre los átomos con sus partículas y las galaxias en el universo o quizás en los universos.

Creo que hay muchos físicos que tambien dedican su tiempo a esto mismo, dándole vueltas y vueltas a explicar lo hasta ahora inexplicable, tratando de reconciliar las leyes que gobiernan el mundo cuántico de las partículas con las que rigen el cosmos gravitacional, o lo que viene a ser lo mismo, buscando el modo de unificar en un todo las cuatro grandes fuerzas.

Me gusta el poder elucubrar y recrearme con hipótesis descabelladas, pero que me parecen bellas. Y así pienso que soy un ser pensante formado por átomos, que no nacieron conmigo, se formaron en una estrella que explotó, muy lejos y hace mucho tiempo, contando en el tiempo nuestro, esto ya me lo enseño Carl Sagan.

Me gusta pensar, aunque sé que es un disparate, que hay una bella analogía entre un átomo y un sistema planetario, así se enseña aun como es el átomo en el colegio. Así que podría haber alguien formado en vez de por átomos, por sistemas planetarios, donde los núcleos serían los soles y las galaxias pequeñas partes de su anatomía. Para nosotros serian dioses, pero quien sabe si ellos serian solo estructuras de otra anatomía mas grande, formada por universos ... Lo que mas me gusta pensar de esos seres cuyas moléculas serian galaxias que podría decirle, en lenguaje coloquial moderno "tu si que eres grande, tio".

En el mundo de lo mas grande parece que no hay límite. Si lo hay en nuestro Universo, con lo del bin-bang, pero parece que puede haber mas universos, un "grande" que se extiende hasta donde queramos. Pero en lo pequeño si que parece que hay límites, por lo menos con lo que tenemos hasta ahora averiguado, porque hay una medida mínima que es la constante de Planck por debajo de la cual no hay nada. Es algo parecido al cero absoluto, podemos bajar la temperatura mas y mas, pero se llega a un límite donde hay unos cero absolutos, las moléculas no se mueven, o sea, a 273,15 grados centígrados bajo cero, es la mínima temperatura posible en nuestro universo. No existen por ejemplo los 274 grados bajo cero. Pues en distancias es lo mismo, no existe menos tamaño que la constante de Planck. Y tambien Planck tiene una temperatura máxima posible, que se cree se dio justo después del Bin Bang, pero nada nos impide pensar en un Bin bang más potente con mayor temperatura.

Durante el siglo XX se logró un desarrollo de la física como nunca antes habíamos tenido. Pero hubo muchas mentes pensantes de gran prestigio que después lo perdieron por apoyar teorías que resultaron erróneas, a veces apoyadas por experimentos que las demostraban, pero que resultaron estar equivocados por diversas causas.

Estos Errores de la Física son muy curiosos de estudiar, de los más controvertidos es el de que determinados neutrinos iban más rápidos que la luz, lo cual desmontaba la Teoría de la Relatividad. Se hicieron enormes esfuerzos para medir la velocidad de neutrinos a cientos de kilómetros, neutrinos que son tan difícilmente detectables, pero al final resultó que había un error con la sincronización de los relojes que median el tiempo que tardaban.

Otro error famoso fue el de la "fusión fría", un proyecto que suponía la posibilidad de que por medios químicos se pudiese lograr la fusión nuclear (el modo en que el sol obtiene su energía transformando por altas temperaturas el hidrogeno en helio).

Yo mismo, junto con un físico amigo mío, estudiamos todos los experimentos que demostraban la Teoría de la Relatividad y tratamos de interpretarlos basándonos en otras suposiciones, por ejemplo, la desviación de un rayo de luz al pasar cerca de una masa gravitatoria, tratamos de demostrarla reviviendo el concepto del "éter fumífero" que estaría mas concentrado cerca de la estrella y que desviaría el rayo de luz por refracción, no por los efectos de la alteración del espacio-tiempo debidos a la gravedad.

Por cierto, la forma de explicar lo del espacio-tiempo con una especie de somier o cama elástica y una bola encima que lo deforma también me ha parecido siempre una imagen muy bella.

Lo del éter lumífero hace mucho que se desechó porque además de no aparecer por ninguna parte, no hace falta y los fenómenos se explican mejor mediante la Teoría especial de la Relatividad, pero lo del éter tambien explicaba muy bellamente muchos fenómenos y pienso en él cuando me dicen que el espacio está lleno de cosas que no vemos, como los neutrinos, o la materia oscura. Habría que dar un repaso a lo del éter, cambiándole el nombre, a ver si al final en el espacio hay algo que no vemos y no detectamos y puede explicar algunos fenómenos. Y no me refiero a los neutrinos, que los hay en cantidad por todas partes, pero que son como el hombre invisible, no interactúan con nada y casi son indetectables. Pero dicen que la materia oscura, responsable de un porcentaje muy alto de la materia del Universo, es la que causa que el universo cada vez se expanda mas aceleradamente, algo realmente muy sorprendente.

Ya a Einstein le daba ese resultado y tuvo que inventar una constante para eludir lo que parece lógico, que después de una explosión, la gravedad vaya frenando la expansión y no que pase lo contrario, como demuestran las últimas mediciones. Eso de que el universo cada vez de expanda más rápido nos resulta desconcertante y hasta feo, lo elegante sería que la expansión se frene y luego se contraiga hasta volver a ser un punto que vuelva a explotar, y así una y otra vez.

Si el universo se expande aceleradamente cada vez mas, adiós a la bella idea del universo oscilante y a que en un momento dado la entropía se invertirá. Con lo divertido y sorprendente que sería vivir en un mundo con la entropía invertida, donde las cosas cada vez son más nuevas y ordenadas. Y no digamos a ser cada vez más jóvenes, aunque Einstein ya dijo que no, que, aunque el

Universo tras expandirse se contraiga, la línea del tiempo seguiría igual, sin cambiar de dirección, por lo que nada evitaría que siguiésemos envejeciendo.

Estamos en un momento de la física en la que hace falta que alguien de con alguna idea nueva que pueda explicar de una forma radicalmente distinta los hechos que suceden con la gravedad y con la teoría cuántica, porque lo que observamos en ambos mundos parecen obedecer a leyes irreconciliables y lo que sucede en un mundo no se puede explicar con lo que sucede en el otro.

Yo pienso que hemos supuesto que las leyes de la naturaleza son las mismas en todas partes y en todos los momentos, y son una sola ley la que manda sobre todos los fenómenos físicos. Y por eso llevamos muchos años tratando de unificar las cuatro grandes fuerzas: gravitatoria, electromagnética, nuclear fuerte y nuclear débil, lográndose grandes avances, como cuando se unificó la electricidad y el magnetismo, pero cuando no se logra un resultado hay que poner en duda algunas de las premisas que se dan como ciertas ¿realmente la ley es igual siempre y en todas partes. A ver si va a resultar que el Universo tiene algún mecanismo con algunas preferencias y cambia según el dónde y el cuándo ...

Necesitamos una idea verdaderamente nueva, que trascienda las teorías actuales y nos permita conectar lo muy pequeño con lo muy grande. Quizás el Universo sea como nosotros, una estructura compleja que intenta comprenderse a si misma.

SOBRE LOS ATOMOS Y SOBRE LA NATURALEZA DE LA LUZ

A principios de siglo, los físicos habían comprendido ya, que cuando sobre una pantalla se emiten haces de electrones, se producen unas bandas de interferencia, que solo pueden explicarse, considerando que los electrones son ondas, y que estas se esfuerzan o cancelan, según su frecuencia, siguiendo las precisas leyes del movimiento ondulatorio.

Davison descubrió que cuando los electrones son dispersados por una superficie de cristal de níquel, rebotan siguiendo una sucesión de trazas que posteriormente se superponen. En 1927, demostró mas allá de toda duda, que los trazos superpuestos se refuerzan o contrarrestan según el modelo clásico de interferencias de ondas. Es decir, la conclusión fue sorprendente: los electrones se comportan como ondas al mismo tiempo que como partículas, algo realmente inconcebible pare nosotros e imposible de visualizar.

Por otra parte, y en otro orden de cosas, en la vieja teoría newtoniana de la materia, la energía se conserva rigurosamente, no hay manera de crear o destruirla, solo transformarla: una cocina eléctrica transforma la energía eléctrica en calor, pero al final, la cantidad de una es rigurosamente igual a la cantidad de la otra. Debido a esta ley, fundamental de la física, no es posible inventar el movimiento continuo, algo en lo que mi abuelo estuvo empeñado toda su vida.

Sin embargo, en el terreno atómico y debido al efecto cuántico, esta ley no se cumple, al menos en brevísimos espacios de tiempo.

En efecto, la ley de la conservación de la energía nos obliga a pensar que la energía medida en un momento y en el siguiente, debe ser la misma, pero cuando un electrón absorbe un fotón, cambia su nivel energético de forma que como el electrón solo puede tener niveles energéticos concretos, si la energía absorbida no es suficiente pare pasar al nivel superior, toma esa energía prestada, de donde no existe y pasa a este nivel superior durante un breve espacio de tiempo, para enseguida, volver a emitir el fotón y caer en su estado energético anterior.

Cuanto mayor es el "préstamo" que necesita, mas corto es el tiempo que puede permanecer en el estado superior de energía, pero, aunque el tiempo sea muy corto, es suficiente pare que se produzcan manifestaciones muy importantes, como por ejemplo que el fotón emitido, lo trace en otra dirección, que es el efecto que nosotros observamos prácticamente. De cualquier forma, durante un brevísimo espacio de tiempo, la ley de la conservación de la energía no se cumple.

Este efecto, tiene consecuencias mas importantes aún. Por ejemplo, podría ocurrir que en la nada, apareciese materia de forma espontánea, siempre y cuando desapareciese rápidamente en el tiempo que concede la relación de incertidumbre. De hecho esto ocurre así efectivamente, y durante este espacio de tiempo, aunque sea muy corto, se pueden hacer cosas espectaculares con esta energía o materia "prestada".

Las cantidades de energía "prestada", dado que nos movemos en el mundo atómico, son muy pequeñas para nuestro mundo macroscópico, así pues, seguimos sin poder hacer mover una maquina con la energía "prestada", pero, aunque de pequeño consideraba la idea de mi abuelo sobre el movimiento continuo, absurda, ahora que pasó a la otra vida, me gustaría poder hablar con él y explicarle que realmente su intuición no iba tan desencaminada.

La energía que emite una luz eléctrica en un segundo, solo puede ser tomada prestada, gracias al principio de incertidumbre, durante una billonésima de billonésima de segundo. Dicho de otro modo, el mecanismo de préstamo cuántico, solo asciende a una emisión de una lámpara eléctrica correspondiente a un uno seguido de treinta y seis ceros. Pero en el terreno subatómico las cosas son muy diferentes porque las energías son mucho menores que las de la vida diaria, y hay tanta actividad, que incluso periodos de tiempo que son diminutos para nosotros, permiten que ocurran muchas cosas, como el paso de un electrón de un nivel energético a otro ya descrito a pesar de que el fotón absorbido no tenga la suficiente energía como para elevarlo al nuevo estado de excitación.

El fotón es nuevamente emitido antes de una milmillonésima de segundo pero este tiempo ha sido suficiente pare que el electrón, ya no esté en el mismo sitio que ocupaba alrededor del núcleo, y el fotón emitido será en dirección distinta al primero. Esto se puede describir diciendo que el fotón entrante ha sido desviado por el átomo en otra dirección.

Cuanto más se aproxima la energía del fotón a la que necesita el electrón para cambiar su nivel energético, menor es el "préstamo" y mas tiempo puede tardar en devolverlo, por lo tanto, mayor será también el efecto dispersante. Como la energía es proporcional a la frecuencia, que a su vez es la medida que nos indica el color de la luz, de ahí se deduce que los distintos colores se dispersaran en distinto grado. Por eso hay materiales que son transparentes a unos colores y no otros, de manera que se ven coloreados al mirar a su través.

La dispersión preferencial de la luz de frecuencia alta, explica por ejemplo porque el cielo es azul. La luz blanca del Sol, contiene muchas frecuencias entremezcladas, las altas corresponden al azul y al violeta y las bajas al verde y al rojo. Cuando la luz del Sol, choca contra los átomos del aire en la alta atmósfera, parte de la luz azul se desperdiga coloreando el cielo y la restante luz aparece rica en frecuencias bajas por lo que aparece amarilla. Esta es la razón de que el Sol sea de color amarillo. Cuando se ve cerca del horizonte, la mayor profundidad de la capa de aire que atraviesa, multiplica este efecto aumentando la disipación de las frecuencias bajas, por lo que el Sol aparece rojo.

Casi todo el mundo sabe, que los átomos se componen fundamentalmente de protones y neutrones, que forman el núcleo y electrones que giran alrededor. Los electrones tienen una unidad entera de carga negativa y los protones la misma carga, pero positiva, mientras que los neutrones no tienen carga.

No obstante, en las últimas décadas se han descubierto tantas partículas en el interior del átomo, que esta clasificación resulta muy elemental. Hoy día, y gracias sobre todo a los aceleradores, (ciclotrones etc.) se conocen varios centenares de partículas elementales, aunque algunas, de vida sumamente breve si la comparamos con nuestro concepto del tiempo, otras tan ligeras, que atraviesan la materia sin colisionar con ella mas que en muy raras ocasiones.

Si hacemos chocar una partícula contra el núcleo de un átomo con la suficiente fuerza como pare separar los componentes que lo forman, y observamos lo que le pasa a un neutrón separado, podemos comprobar que en este estado el neutrón no es estable, es decir, no mantiene su propia configuración y características durante demasiado tiempo, sino que se desintegra aproximadamente a los quince minutos.

Es curioso observar, que cuando nos referimos a partículas subatómicas, y debido al efecto cuántico, del que en otro momento hablaremos, es imposible determinar para una partícula suelta, cuando se va a desintegrar; lo puede hacer al instante o al cabo de mucho tiempo, solo podemos utilizar la estadística para comprobar cuando lo hace la mayoría. Llamamos "vida media" al tiempo que tarda la mitad de una cantidad dada de materia radioactiva en desintegrarse, este tiempo es distinto pare cada tipo de partícula, en el caso del neutrón, como hemos dicho, es de unos quince minutos.

Cuando una partícula se desintegra, es necesario que la suma de los componentes resultantes, mantenga la ley de la conservación de la energía, la de la carga, el spin, etc. Cuando los físicos observaron la desintegración del neutrón, se sintieron muy preocupados porque este se escindía en un protón y un electrón. Se conservaba la carga, pero dado que el electrón apenas tiene masa y la del protón es 1/100 menor que la del neutrón, aquello no cuadraba. Entonces, y para que cuadrase, se postuló la existencia de otra partícula que se llamó neutrino. Faltaban 30 años pare que esta partícula se lograse detectar en la práctica.

El neutrino es sumamente liviano y además no tiene carga, por lo que no se siente atraído hacia los electrones ni hacia el núcleo. Puede atravesar planchas de plomo de años luz de grosor sin interaccionar con ella. Además, la materia que nosotros observamos diariamente, no es tan sólida como nos parece. Está compuesta por átomos, y si un átomo lo amplificásemos lo suficiente como para observar su núcleo del tamaño de un balón de fútbol, el electrón de la primera capa, sería como un granito de arroz situado a 10 Km. de distancia y en cualquier dirección, y los dos electrones siguientes, de la segunda capa, serian otros granitos de arroz a treinta Km. en cualquier dirección. Así pues, lo que nosotros creemos que es materia sólida, de lo que incluso estamos formados, no es más que un casi vacío, salpicado de alguna que otra partícula.

Si la materia que nos rodea, tiene tan poca densidad a pesar de su apariencia, podemos ahora comprender, como un neutrino la puede atravesar tan fácilmente. También comprenderemos que, si la pudiésemos comprimir, como efectivamente ocurre por efecto de la gravedad, en una estrella de neutrones, una sola cucharadita de materia pesaría como una montaña entera de las nuestras.

Seguramente que alguien, al hablar de la constitución de los átomos, se habrá sentido inclinado a considerarlos como un sistema planetario en miniatura, y nada más lejos de la realidad. En otra ocasión hablaremos de la dualidad onda partícula y otros pormenores de la mecánica cuántica en los átomos y nos daremos cuenta de que es muy distinto. Solo quisiera evitar que se forme a priori una falsa imagen mental, que nos va a dificultar mucho después el comprenderlo.

Los neutrinos son tan livianos, que constantemente nos atraviesan a nosotros y a la Tierra, sin interaccionar en absoluto, sin embargo, cuando una estrella se colapsa y explota, son precisamente los neutrinos, el enorme pulso de neutrinos, el responsable de esta explosión gigantesca que conocemos como supernova.

Hoy día se crean en laboratorio grandes cantidades de neutrinos que se emplean para experimentación, y es curioso que el reactor nuclear, está separado del laboratorio por un kilómetro de montaña de sierra que se utiliza para parar todas las partículas que se generan, y asegurarse de esta forma que solo llegan neutrinos. Y, aun así, con una ingente cantidad de ellos, tan solo es posible observar de vez en cuando la interacción de uno contra la materia. Así y todo, han podido descubrirse tres clases distintas de neutrinos.
Hay tantos y tantos neutrinos, que superan a los protones y electrones que existen, en la proporción de mil millones a uno.

De hecho, el Universo es en realidad un inmenso mar de neutrinos, salpicado raramente por impurezas tales como átomos. Seguramente, que, a pesar de ser tan livianos, son tantos y tantos los neutrinos, que su peso total supere al de las estrellas y al de las galaxias y, en consecuencia, dominen la gravedad del Cosmos.

La masa de los neutrinos, es menos de una milésima de la masa del electrón, pero suficiente para abrumar gravitatoriamente al Universo, y quizás en un futuro, causar un colapso.

Así pues, aunque ha sido tan difícil de encontrar en la práctica y aunque parece tan inofensivo porque nos atraviesa sin causarnos daño, el humilde neutrino, puede tener el poder futuro de la aniquilación cósmica total.

SOBRE LA TEORIA DE LA RELATIVIDAD

La Teoría de la Relatividad, supuso en su momento, tal reto a la imaginación, que muy pocos físicos, eran capaces de entenderla. Aún hoy día supone algo, tan contrario al sentido común y a nuestra experiencia, que nos sentimos tentados a refutarla. Seguramente Einstein, que ya había obtenido el Premio Nóbel, por sus trabajos sobre el efecto fotoeléctrico de una emisión de electrones, haya sido, por su increíble intuición al formular esta teoría, la mente más brillante en la historia de la humanidad.

La T. de Relatividad dice que tanto el ESPACIO, como el TIEMPO, son dos conceptos diferentes de una misma cosa, es decir, lo mismo.

También dice que la MATERIA y la ENERGIA, son también dos manifestaciones distintas de la misma cosa, es decir, son también lo mismo. Tanto es así que materia puede transformarse en energía y energía en materia.

Como consecuencia, dice que la velocidad de la luz es la máxima velocidad a la que puede aspirar una partícula o un objeto del mundo en que vivimos, y esto es así, porque con la velocidad, el objeto se va haciendo más masivo, de forma que se haría infinitamente masivo a la velocidad de la luz, y necesitaría una fuerza infinita, para alcanzarla, y esto, claro. no puede ser.

Hace años que se hizo realidad en los laboratorios de física atómica, el transformar la colisión de dos fotones (que es energía pura), en una partícula material. De la transformación de masa en energía, tenemos un penoso ejemplo en la bomba atómica (Einstein se sintió apenado toda su vida par su parte de culpa en este logro), donde la masa se transforma en energía según la famosa ecuación en que la energía es igual a la masa par el cuadrado de la velocidad de la luz.

La velocidad de la luz juega un importante papel en todo esto, no porque sea la velocidad de la luz, sino porque esa cantidad, es un número concreto que marca el límite de la velocidad, y casualmente, la luz, por ser energía pura, va a esa velocidad, y por ello nos referimos a ella. Igual podíamos indicar la velocidad de las ondas de radio, o de los neutrinos, que en todos los cases es de unos 300.000 kms. por segundo en el vacío.

Lo de que la masa aumenta con la velocidad, se comprueba fácilmente en los modernos aceleradores de partículas, ciclotrones o sincrotrones, en los que la masa de una partícula, a la vez que adquiere velocidad, se hace más masiva y necesita más energía para acelerarse, hasta llegar al límite del acelerador.

Claro está que eso de aumentar la masa con la velocidad no se nota en la vida diaria, en la que incluso las velocidades de un avión o una nave especial, son una insignificante fracción de la velocidad de la luz, y dada que este aumento de masa es una función exponencial, ir a mitad de la velocidad de la luz no significa tener el doble de masa, para tener el doble de masa, hace falta ir a una velocidad mucho más cercana a la de la luz.

Otra consecuencia de la T. de Relatividad, es que el TIEMPO, depende de la velocidad del observador, a mayor velocidad, más lentamente transcurre el tiempo visto par un observador distante, porque el que va veloz, no nota la diferencia. Aquí podemos citar la famosa paradoja de los gemelos: Un hermano gemelo se embarca en una nave especial que va a una velocidad cercana a la de la luz y se da un paseo par el cosmos. Cuando regresa, para él, pueden haber transcurrido sólo unos meses, pero para su hermano gemelo pueden haber pasado muchos años, siglos o milenios (según a qué velocidad fuese capaz de viajar la hipotética nave).

Así pues, el hermano viajero podría casarse con su tataranieta, pues ambos tendrían la misma edad. Téngase en cuenta, y lo siento par los escritores de novelas de ciencia ficción, que lo que de ningún modo se puede, es volver atrás en el tiempo, puesto que esto supondría, superar la velocidad de la luz, y esto en nuestro Universo es imposible.

En otra ocasión hablaremos de otro posible universo en el que todo se mueve a mayor velocidad que la de la luz y en el que lo difícil es frenar hasta esa velocidad de la luz. Esto no contradice la T. de Relatividad, sine que es una consecuencia de la misma. Si desde nuestro universo lento, hecho de partículas llamadas tardiones, pudiésemos controlar Las partículas del otro universo, llamados taquiones, seguramente tendríamos un medio magnífico para comunicarnos instantáneamente con las inteligencias de otros planetas.

Seguramente, pienso, éste es el sistema de comunicaciones que utilizan civilizaciones muy avanzadas, y nuestras señales de radio están para ellos tan anticuadas para comunicarse con el espacio, como lo seria para nosotros usar señales de humo, así pues, difícil veo por ahora el podernos comunicar con otras inteligencias.

También un acelerador de partículas sirve para demostrar la disminución del tiempo por efecto de la velocidad.

Hay partículas subatómicas que se desintegran a las pocas milésimas de microsegundo de haber nacido. Con una vida tan corta, aun yendo a la máxima velocidad permitida, a la velocidad de la luz, tan sólo podrían recorrer unos pocos centímetros antes de desintegrarse, sin embargo, cuando alcanzan velocidades próximas a las de la luz, el tiempo local de la partícula se dilata, es decir, aunque ella, de tener conciencia, notaria que vive lo mismo, para nosotros, que somos un observador externo, vive más, y, por lo tanto, es capaz de recorrer una mayor distancia.

Este fenómeno pues, de la dilatación del tiempo par el aumento de la velocidad, lo tienen muy en cuenta los constructores de aceleradores de partículas.

Un físico relativista, vive una doble vida. En la calle, tiene un concepto del tiempo como la mayoría de nosotros, pero en el interior de su laboratorio, sabe que realmente el tiempo es una mera quimera, que no existe el presente ni el pasado ni el futuro realmente.

Muchos de los temas que se abordan en la T. de Relatividad y en la cuántica, desafían nuestra imaginación, pero las cuestiones son tan profundas e importantes, que creo deben ser compartidas, y no quedar en un mero juego intelectual de los científicos más destacados.

La Física va unos cincuenta años por delante de la tecnología, así pues, es difícil aventurar, qué logros nos depararán los conocimientos adquiridos en tan sólo los últimos cinco años.

EL EFECTO CUANTICO O LA ALETORIEDAD DEL MOVIMIENTO

Newton fue una de las mentes más preclaras de la historia de la ciencia. Su biografía nos lo muestra con todas las dotes que conforman un gran científico y a él debe la Física el definitivo impulso de base para acometer los grandes logros de nuestro siglo. Más tarde, fue Einstein el que pulió y completó las lagunas que en su época Newton no pudo prever.

Kepler, basándose en las ideas de Newton y otros contemporáneos, recopiló las leyes del movimiento gravitatorio.

Según las ideas que nuestra experiencia cotidiana nos inspira, que también inspiraron a Newton, los objetos macroscópicos a los que se les hace mover para aplicárseles una fuerza en una dirección, lo han de hacer, sin ninguna otra fuerza los desvía, como parece lógico, en línea recta.

No obstante, en el mundo del átomo, esta lógica no se cumple. Por ejemplo, un chorro de electrones que tengan que ir todos desde un foco emisor a otro punto, no lo hacen todos por el mismo camino, ni lo hacen en línea recta, sino que cada uno, parece dotado de una personalidad propia y sigue una trayectoria diferente.

Claro que la mayoría sí que sigue el camino más corto de la línea recta y cuanto más tortuoso es el camino seguido, menos son los electrones que lo eligen. Es como si un grupo de personas tuviesen que atravesar una plaza de toros; unos, la mayoría, lo harían en línea recta, pero otros se desviarían de la misma y algunos se entretendrían dando un paseo por la arena.

Este fenómeno es muy curioso, pero es real. No hay ninguna ley que pueda describir la trayectoria que va a seguir un determinado electrón, solamente podemos saber, estadísticamente, lo que va a hacer la mayoría.

De la misma forma, es impredecible cuándo se va a desintegrar una determinada partícula radioactiva, sólo el tiempo que tarda la mayoría en hacerlo. Esta cualidad tan asombrosa llega más lejos aún.

En efecto, si nos dijesen que una pelota de goma, a la que se hace rebotar contra una pared de piedra, tiene alguna posibilidad de atravesar esta pared, sin duda nos reiríamos. Sin embargo, esta posibilidad existe. En el mundo del átomo, los electrones que se envían sobre una pared electrostática, tan robusta para el electrón, como para la pelota la de piedra, sin saber cómo ni por qué a veces es atravesada y un electrón aparece en la otra parte.

Este fenómeno es tan real, que hay día es muy utilizado en la práctica de la electrónica, el llamado diodo túnel se aprovecha de este fenómeno. El que la pelota tenga tan pocas posibilidades de atravesar la pared de piedra o siga la línea recta cuando se la impulse y no se dedique a hacer extrañas cabriolas por el camino, se debe a que está formada por infinidad de átomos y electrones, y la mayoría de éstos no se desvía y no atraviesa la pared, la posibilidad de que sean todos los que ejerzan simultáneamente esta posibilidad, es muy remota, pero estadísticamente posible.

Por otra parte ¿cómo iba a saber el electrón cuál es la línea recta para seguirla? Sencillamente por su cualidad de onda-partícula que lo posibilita para explorar todos los caminos posibles, en los que los desfasamientos de las ondas que se alejan de la línea recta se cancelan, y sólo pueden prevalecer las que se acercan a la trayectoria recta.

Así pues, el movimiento perfectamente ordenado que propugnaba Newton es una mera quimera, y si el mundo no se mueve en una complete anarquía a todos los niveles, es porque sigue una ley que no por poco divulgada es menos real, y que yo llamaría de la "pereza cósmica", según la cual la naturaleza procura siempre seguir la trayectoria más sencilla.

Por otra parte, si todo siguiese como decía Newton un movimiento preciso, de relojería, todo también estaría previsto, incluso nuestro destino; quizás no lo conociésemos e ignorásemos la infinidad de leyes y condiciones iniciales que condicionarían el futuro del Cosmos, pero indudablemente estaría escrito y no podríamos hacerlo variar. Afortunadamente es precisamente esta aleatoriedad del movimiento la que nos proporciona la libertad y la posibilidad de escribir nuestro propio destino y de influir en el futuro del Cosmos.

LOS CUARQ Y EL SUPERADHESIVO ATOMICO

El electrón es un objeto puntual, rodeado de una inmensa cantidad de fotones y partículas virtuales que emergen del mismo durante un brevísimo espacio de tiempo y rápidamente vuelven a caer en él. Entre estas partículas, habrá electrones y positrones virtuales, que, aunque no podemos ver directamente, sabemos que están ahí y que pueden dejar huellas físicas. Un electrón situado en el vacío, también sabe que están allí pues reaccionan ante su presencia, y su campo eléctrico altera la pauta de actividad de estos electrones y positrones virtuales.

Los positrones, tienden a ser arrastrados hacia el electrón, durante su corta existencia, y los electrones virtuales tienden a ser repelidos por el electrón estable, debido a las fuerzas de atracción y repulsión por la carga eléctrica. Como consecuencia, se producirá un curioso efecto conocido como polarización.

El que el espacio vacío puede polarizarse en presencia de un campo eléctrico, parece inverosímil, pares es difícil imaginar un vacío con propiedades eléctricas, no obstante, era una curiosa consecuencia de la teoría de los cuantos, y hoy día, el efecto real ya ha sido medido experimentalmente.

Como consecuencia de esta polarización del vacío, se forma una especie de pantalla en torno al electrón real, de la que el electrón, no puede prescindir, pues forma parte de la envoltura de partículas virtuales que todos los electrones llevan con ellos, por lo que, desde cierta distancia, la carga que aparenta tener el electrón, es menor a la que realmente tiene, debido a esta pantalla. Si penetráramos dentro de esta pantalla, veríamos al electrón con una carga mucho mayor.

En el mundo macroscópico en el que nos movemos, las fuerzas disminuyen con las distancias. Veamos como ejemplo, la gravedad, el electromagnetismo, etc., en los que las fuerzas de atracción o repulsión, son menores a medida que aumenta la distancia entre los objetos a considerar.

Sin embargo, en el interior de las partículas, este efecto se invierte, es decir, debido al efecto de la pantalla, en el interior de la cual estamos, cuanto más nos alejamos del electrón puntual con más fuerza somos atraídos a él, porque con más fuerza nos repele la pantalla de partículas virtuales.

Este efecto es de una importancia enorme, como veremos a continuación, pues explica, el por qué, aún no ha sido posible, a pesar de los potentísimos aceleradores de partículas de que disponemos, el romper la estructura de las partículas como protones y observar directamente los cuarks de que están formados.

En efecto, cuando se comenzó a experimentar con rayos cósmicos y con aceleradores de partículas, comenzaron a aparecer, una gran variedad de partículas diferentes, que, a su vez, acababan par desintegrarse en otras más estables o de vida más larga. Si lo que pretendía el físico, era desmenuzar la materia para comprender su constitución de forma fácil, lo conseguido, cuando se comenzaron a conocer cientos de partículas, fue lo contrario.

Surgió entonces, algo semejante a lo que ocurrió con la tabla periódica de los elementos, antes de conocerse la estructura del átomo con sus distintas capas de electrones, etc., y es que estas distintas partículas, podían agruparse por sus propiedades en grupos de hecho, y llegó a predecirse la falta de unas u otras partículas aun no descubiertas, que cuando se encontraron posteriormente, confirmaban la teoría.

En su afán de encontrar una razón para explicar esta complejidad, los físicos se dieron cuenta que inventando la existencia de unas partículas aún más elementales, y con unas propiedades concretas, tan sólo con la existencia de tres de esas partículas, se podían explicar la existencia de todas las hasta entonces descubiertas.

A estas partículas más elementales, se las llamó cuark. Posteriormente ha sido necesario inventar la existencia de otros dos cuarks para poder explicar la existencia de todas las partículas encontradas, por lo que, en total, se supone que todos los muones, o partículas pesadas, se componen como máximo de cinco cuarks.

Hasta ahora, no ha sido posible romper ninguna partícula en sus cuarks constitutivos, ni encontrar ninguno suelto (una de las propiedades de los cuarks es tener 1/3 de carga). La razón, puede ser lo que anteriormente apuntábamos para el electrón, es decir, que, en el interior de las partículas pesadas, los cuarks están protegidos par una pantalla que hace que, si tratan de separarse, la fuerza de atracción sea mayor, mientras que, en el interior, la fuerza inter-cuark desaparece y los cuarks pueden moverse libremente. Esto explicaría que para romper la barrera de partículas virtuales que protegen los cuarks, scan necesarias las potencias de aceleradores tan grandes como la propia galaxia, por lo que es posible que la Humanidad quizás no logre nunca observar un cuark directamente.

HIPOTESIS SOBRE LAS CARACTERISTICAS INTRINSECAS DE LETER LUMIFERO

Voy a proponer de entrada que la luz es una onda (y con lo de luz me refiero a todo el espectro electromagnético). Con ello resuelvo una gran cantidad de problemas e incongruencias que plantea el modelo onda-partícula, entre otros la imposibilidad de visualizar nada parecido y por tanto tener que renunciar a usar la inteligencia en la resolución de modelos, limitándonos a hacer un acto de fe ateniéndonos solo a las consecuencias manifestadas tras la experimentación de los fenómenos, sin poder mantener un modelo empírico que sustente el fenómeno, y no entraré aquí por no desviarme del tema propuesto, en la consideración de las resoluciones de este modelo para fenómenos tales como aberración estelar y fotoeléctrico (todos los demás se resuelven con gran facilidad).

Creo que, en principio, se puede decir que dada la variedad de materias capaces de soportar como media de transmisión el fenómeno luminoso y las ondas electromagnéticas haciendo variar tan solo (por sus características propias) la velocidad de propagación de estas ondas, podemos suponer, que no siendo estas mismas materias las que conforman el medio que soporta la posibilidad de propagación de las ondas, sí que modifican sustancialmente sus características.

Si aceptamos pues, que la luz es una onda como las demás, debemos aceptar también la existencia de un medio capaz de servir de soporte a su propagación.

Dado que la capacidad de "recuperar" el espacio posterior de la onda en un fluido es lo que define la velocidad de propagación de la onda par ese fluido, hemos de suponer que el "éter" (y lo llamaremos así en honor a nuestros antepasados defensores de su existencia), es tremendamente liviano o fluido y debe "impregnarlo todo".

Por otra parte, la materia debería tener la capacidad de densificar este medio en su alrededor y sin embargo fluidificarlo en su seno, debido a lo cual en el interior de un cuerpo la velocidad de propagación disminuye (al igual que el sonido va más despacio a través del aire que a través de un sólido, porque las partículas del aire están más lejos unas de otras que en las del sólido), el éter en el interior de una masa es más liviano y por lo tanto la luz (u ondas electromagnéticas) irán más despacio, es decir, que en el interior de una masa, la "densidad" del éter es inversamente proporcional a la "densidad" de la materia, sin embargo en el exterior, es directamente proporcional a la densidad de esa materia, es decir, en las cercanías de una masa, el éter se densifica y eso hace que la luz al pasar a su través sufra una desviación debida a un fenómeno de refracción que a su vez sería motivado por el fenómeno gravitatorio.

También ocurrirá pues, que, en la proximidad de una masa, la velocidad de la luz sería mayor que en el "vacío sideral".
La comprobación de este hecho que puede hacerse experimentalmente, daría validez a mi hipótesis.

La Tierra se mueve alrededor del Sol, que a su vez lo hace alrededor de la Galaxia y esta lo hace alrededor de un centro común gravitatorio dentro de su grupo local de galaxias, que a su vez viajan a través del espacio, etc., etc. Cada vez que consideramos el movimiento de la Tierra con mayor amplitud, la velocidad aumenta.

Sin embargo, la dirección del movimiento no influye en la velocidad con que la luz se aleja de nosotros en cualquier dirección. El experimento de Micheleon-Morley así lo pone de manifiesto, y es lo que dio lugar a la formulación de la teoría de Relatividad y aquí quisiera hacer un inciso, y es que para estar absolutamente seguros de que es así, habría que realizar el experimento de Michelson completamente fuera de la atmósfera terrestre, pues hay ocasiones en los que una mínima cantidad de materia, mucho menos que la atmósfera terrestre, puede interferir completamente en el fenómeno estudiado, y este podría ser el caso y la atmósfera terrestre hacer que el arrastre del éter fuese total y la luz se comportase como si estuviese completamente dependiente de un fluido totalmente arrastrado par la Tierra.

De la misma forma, lo mismo se debería hacer con el experimento del mesón pi, en un sincrotrón, que a casi la velocidad de la luz se desintegra en dos fotones que no obstante siguen viajando a la velocidad de la luz (aunque el disponer de un sincrotrón fuera de la atmósfera es hoy día mucho mas difícil.

Bien, supongamos que se hace el experimento y seguimos igual, es decir, la velocidad de la luz es la misma independientemente de la velocidad de la media en que viaja, típico comportamiento de las ondas pero que sugeriría el hecho de que el éter es completamente arrastrado por la Tierra y por este camino llegamos a una incongruencia, un contrasentido.

No se puede concebir un fluido que lo impregne todo y que a su vez sea arrastrado totalmente por un móvil, pues se nos plantearían preguntas cuya respuesta supone una reducción al absurdo, como ¿cuánto espacio etéreo alrededor del móvil se arrastra con él? o ¿qué ocurre cuando se cruzan dos móviles cada uno con su éter? Nos metemos ciertamente en un callejón sin salida.

En resumen, el modelo de éter que proponemos, debe tener estas cinco principales propiedades:

1º. - El éter debe ser algo tremendamente liviano
2º. - Debe impregnarlo todo

3º. - Se debe hacer más liviano en el interior de la materia y más denso en el exterior, tanto más cuanto más próximo esté a la materia. En el espacio sideral tendría un valor intermedio.

4º. - Debe a su vez ser arrastrado totalmente por cualquier móvil y permanecer fijo.

5º. - Debe ser de una gran rigidez para permitir la propagación de las ondas transversales ¿¿¿¿¿¿???????

Una solución a las propiedades tercera y cuarta se obtiene mediante la relatividad de Einstein. Pero para ello tenemos que suprimir el éter y como consecuencia considerar a la luz a la vez como una partícula y como una onda (imposible de entender), y hacer que el tiempo y el espacio se dilaten y mengüen etc. ya se sabe, todas las famosas secuelas relativistas.

Vamos ahora a estudiar otra posibilidad que no se conocía en los tiempos en que se formuló la Teoría de Relatividad. Volvamos pues a nuestras ondas y nuestro éter.

Para que todo nos funcione bien solo necesitamos compatibilizar las cinco propiedades del "éter", pero ¿cómo podemos compatibilizar hechos tan aparentemente opuestos como que el éter sea estático, impregnándolo todo y a la vez sea arrastrado por el medio? ¿O que sea liviano y rígido a la vez? Pues bien, existe un medio:

Supongamos que la sustancia etérea es una propiedad del universo cuya característica fundamental es que sus partículas constituyentes aparecen y desaparecen en breve espacio de tiempo, es decir, formado por partículas virtuales. En una sustancia de estas características, cayos componentes están constantemente existiendo y no existiendo, ¿qué ocurre cuando un móvil se desplaza a su través?

En el instante en que las partículas no existen, no se puede decir que el móvil se desplace a su través ni tampoco que esté estático, o se pueden decir ambas cosas a la vez también si se prefiere, pues todas las cualidades enunciadas y bastantes mas, le pueden ser atribuibles. Y cuando las partículas existen, sirven de soporte a la onda para que esta no se desvanezca Al ser algo que nace y muere constantemente participa simultáneamente de todas las características que nos parecían incompatibles.

Creo que demostrar matemáticamente estas características en ambos supuestos no debe ser difícil.

¿Qué secuelas se derivan de esta hipótesis? En principio ya podemos explicar la naturaleza de la luz como una onda sin dualidades incomprensibles, porque ya tenemos nuestro medio para que se propague. A1 ser una cualidad del Universo, lo impregna todo. La velocidad de la luz SI sería mayor en la proximidad de una masa, por lo tanto, muchas de las hipótesis relativistas podrían ser revocadas, y este es un hecho crucial y además demostrable experimentalmente.

Habría que clarificar también algún otro hecho, como el que la densificación del éter en las cercanías de una masa se debiese a una mayor concentración de partículas o bien a una variación en el ritmo de su formación, debido a la presencia de esa masa. En este segundo caso, si el tiempo realmente es el ritmo con que se manifiesta en la Naturaleza el hecho de la formación de partículas virtuales, podría verse alterado en presencia de la masa, lo que daría lugar a una dilatación del mismo.

Seria curioso que el desarrollo de esta teoría, diese lugar en algunos aspectos a fenómenos relativistas, aunque en este caso, habría que señalar que Einstein, sin conocer las causas, dio con algunas de las consecuencias en su famosa teoría. Ahora nosotros, conociendo realmente los motivos estaríamos en inmejorables condiciones para hacer conjeturas de sus efectos.

Así pues, podríamos avanzar algunos ejemplos:

En relación al fotón, elemento necesario en la física cuántica, ya no sería necesario considerarlo como una partícula, pues podría considerarse como una única onda. En un medio ordinario, cualquier perturbación en el medio, suele formar varias ondas. Si la perturbación es única, las mismas van disminuyendo en amplitud.

Pero en nuestro modelo, la independencia de una onda, causada por un determinado fenómeno, puede ser perfectamente verosímil, o dos o tres, con la misma o distinta amplitud, etc. se puede dar cualquier composición.

En relación a la GRAVEDAD, el tema que tanto me preocupa, puedo avanzar una hipótesis explicable según el modelo que planteo:

Supongamos que es una característica intrínseca del Universo la formación de partículas virtuales, y que la cantidad o duración de las mismas solo se altera ante la presencia de una masa. Supongamos que estas partículas tienden a formarse de una forma isótropa, y que, por tanto, tratan de distribuirse por un igual. Cuando en el exterior de una masa, haya una mayor densidad, y en el interior una menor, durante el tiempo de vida de estas partículas, habrá un desplazamiento de las mismas hacia la masa, tratando de compensar la diferencia de densidades. Algo parecido a la igualación de presiones entre dos medios gaseosos. Pues bien, este "viento de éter" será el causante de que unas masas sean atraídas o empujadas hacia otras, causante en definitiva de lo que llamamos gravedad.

LAS SINGULARIDADES DE LOS AGUJEROS NEGROS

Desde hace más de setenta años en que Einstein formuló su teoría de Relatividad, se la ha sometido a un minucioso control experimental a fin de verificar su exactitud, saliendo victoriosa siempre.

Una de Las predicciones relativistas más asombrosas, dice que el tiempo no es algo absoluto, sino que se ve modificado en presencia de la gravedad, es decir, que el tiempo transcurre más despacio ante la presencia de un campo gravitatorio que en ausencia de él, aunque un observador, dentro de ese campo gravitatorio no se da cuenta. Por ejemplo, a nivel del mar, el tiempo transcurre más lentamente que en lo alto de una montaña, ya que a nivel del mar la fuerza de la gravedad es mayor.

La diferencia, no obstante, es tan pequeña en este caso, que nuestros sentidos no la pueden apreciar. Si que tenemos no obstante hay día medios técnicos, para poder medir estas minúsculas diferencias, usando par ejemplo un MASER, sobre una nave especial. El MASER, es una versión mejorada del LASER, que utiliza emisiones de microondas de frecuencias muy cortas e increíblemente estables.

Usando los ciclos del MASER como marcapasos de reloj sobre una nave espacial y comparándolos con los de otro MASER idéntico en la Tierra. A 10.000 Km. de altura el tiempo debe aumentar según los cálculos que se desprenden de Las fórmulas relativistas, alrededor de la mitad de una milmillonésima parte del observado desde la superficie. En la práctica las medidas concuerdan exactamente con la teoría.

Este asombroso efecto, crece a medida que aumenta la gravedad. En la superficie de una estrella de neutrones, la disparidad entre un reloj situado en ella y otro a gran distancia, puede ser ya de un uno por cien.

Las estrellas con masa mayor a las de neutrones, se habrán contraído aún más y su gravedad aún será mayor. Una estrella mayor que nuestro sol, al final de su vida, agotadas sus reservas de combustible nuclear, se contraerá hasta formar un cuerpo de pocos kilómetros de diámetro y siendo incapaz de soportar su propio peso, se desmoronará violentamente hasta convertirse literalmente en nada en un microsegundo.

Su gravedad sería tan intensa, que nada, ni tan siquiera la luz podría escapar de su interior. Se habría formado un agujero negro.

La gravedad en el agujero negro sería tan enorme, que el tiempo estaría prácticamente colapsado. Si la gravedad fuese infinita, el tiempo seria cero.

Un observador remoto deduciría que los relojes en esta superficie estarían completamente parados, aunque no podría tampoco ver los relojes porque no saldría la luz de su superficie. No obstante, un observador que cayese en el agujero negro (suponiendo sobreviviese, claro), no notaria nada anormal en su concepción del tiempo, para él todo seguiría igual, pero si pudiese observar lo que ocurría fuera, observaría en tan sólo un instante para él, el nacimiento y muerte de las estrellas, incluso el fin del Universo, millones de millones de años para nosotros. Su concepción del tiempo se haría cada vez más discordante con la del mundo exterior, y cuando par fin cayese en el interior del agujero, con gravedad infinita, el tiempo se habría detenido completamente y desaparecería de nuestro Universo de espacio-tiempo.

Sin embargo, para un observador que estuviese fuera, observando cómo una nave especial cae en el agujero, le parecería que la nave se iba deteniendo al aproximarse, jamás llegaría a verla entrar en él, llegaría un momento en el que le parecería que se había detenido y sus relojes se habían parado.

El observador que estaba entrando en el agujero, observaría, por el contrario, a la nave exterior haciéndose vieja con rapidez, en un instante para el del agujero, pasarían montones de años para el del exterior.

Una consecuencia de caer en un agujero negro seria que jamás se podría salir de él, porque esto supondría tanto como retroceder en el tiempo, o sea, salir antes de haber entrado, y esto sólo es posible para los escritores de novelas de ciencia ficción.

No obstante, y aunque está más allá de la eternidad, el interior del agujero negro no difiere demasiado de nuestro espacio-tiempo, por ejemplo, el paso del tiempo para el observador es absolutamente normal, aunque su caída en el interior habrá estado llena de vicisitudes porque si cayese por ejemplo de pie, la diferencia de gravedad entre la cabeza y los pies en un momento dado habría sido enorme.

Hasta aquí, todas las especulaciones descritas corresponden a las consecuencias de una teoría comprobada hasta la saciedad, pero seguir describiendo lo que ocurriría después, es ciertamente más comprometido. En efecto, si el objeto del experimento que cae en un agujero negro, no puede salir de él ni puede evitar seguir cayendo dentro, ¿cuál es su último destino?

Se especula que quizás salga par el otro lado del agujero a otro Universo distinto al nuestro, o que quizás salga a nuestro Universo par otra región del espacio-tiempo, siendo de esta forma posible viajar en el espacio y en el tiempo a mayor velocidad que la de la luz, el agujero negro sería un atajo, un túnel para viajar rápidamente a remotos confines.

Disponemos de muy pocos datos para poder confirmar o desmentir las anteriores especulaciones, pero los pocos de que disponemos, parecen indicarnos que realmente no es así, que lo que realmente ocurre, y lo siento de nuevo por los escritores de ciencia ficción, es que dejaría simplemente de existir, es decir, se evaporaría de espacio-tiempo, literalmente se convertiría en NADA.

Investigaciones muy recientes, de tan sólo un par de años atrás, llevadas a cabo par Stephen Hawking, parecen demostrar, que los agujeros negros no son estables, y que acaban desapareciendo en media de una enorme explosión de radiación. Esto se debe, a que, debido al efecto cuántico, en el borde del agujero, constantemente se están formando partículas y antipartículas.

En condiciones normales, al cabo de unas millonésimas de segundo, ambas partículas se recombinan y desaparecen de nuevo, pero en el borde del agujero negro, en el que la gravedad es casi infinita, una partícula podría ser absorbida par el agujero y la otra se alejaría de él. De esta forma, se estaría literalmente "sacando" energía del agujero negro.

Esta aseveración, tiene unas grandes consecuencias, porque hasta ahora se creía que de un agujero negro no podía salir, por definición, absolutamente nada. Como conclusión el agujero acabará por inestabilizarse y explotar, claro que el agujero formado par la implosión de una estrella, es tan grande que tardará en morir macho más tiempo del que hasta ahora tiene el Universo, por lo que el hallazgo, si sólo consistiera en eso, no tendría ninguna repercusión práctica.

Lo asombroso, es que Hawking, cree y parece demostrar, que hay millones y millones de agujeros negros, del tamaño de un protón, es decir, minúsculos, cuya formación no ha tenido nada que ver con la implosión de las estrellas, sino con el Big Bang primitivo, ya que se formaron entonces, cuando las densidades en pequeñas porciones de materia, eran tan enormes, que pudieron dar lugar a la formación de estos pequeños agujeros negros, de los que según se calcula, debe estar lleno el Universo, y que tan sólo en nuestra inmediata vecindad, de aquí a Plutón, debería haber dos, por termino media.

Estos pequeños agujeros negros, se desintegrarían antes, de forma que es posible que actualmente sea un fenómeno corriente y lo podamos detector con nuestros instrumentos. Seguramente que la radiación que producen al desaparecer, sea detectable desde un satélite en órbita. Próximamente se piensa dedicar algún experimento a verificar este fenómeno.

Un pequeño agujero negro de estas características, estaría produciendo constantemente unos seis mil megavatios, es decir, el equivalente a seis centrales nucleares, aunque esta energía nos sería muy difícil de aprovechar, porque su peso, a pesar de su tamaño menor al de un protón, sería mayor que el de la cordillera del Himalaya y atravesaría limpiamente la Tierra, por lo que no se podría contener en ningún recipiente. Su explosión final equivaldría a la explosión simultánea de DIEZ MIL MILLONES de bombas atómicas, de un megatón, y su único rastro seria la enorme emisión de rayos gamma de alta energía, que es lo que se trata de detector.

De confirmarse esta teoría, como parece probable, hay otra consecuencia muy positiva para la ciencia, y es que par fin se habrá dada un gigantesco paso adelante para compatibilizar dos teorías que, hasta ahora, por si solas y en sus respectivos campos funcionaban muy bien, pero cuyo camino de unificación no se encontraba, me refiero a la teoría de relatividad general, y a la mecánica cuántica. Esto significaría un gran allanamiento del camino una vez encontrada la forma en que la gravedad se cuantifica, para lograr el gran sueño de los físicos de lograr la teoría que por fin unifique las cuatro grandes fuerzas: interacción fuerte, interacción débil, electromagnetismo y gravedad. Cuando se logre esto, que según los grandes especialistas será antes de que acabe el siglo, quizás se haya llegado par fin a las últimas consecuencias de la Física teórica que son comprender el Universo en su totalidad.

EL ELECTRON, ¿UN AGUJERO NEGRO EN EL MICROCOSMOS?

Casi todo el mundo, tiende a considerar el electrón, como una pequeña bolita, que gira alrededor del núcleo del átomo. Pero esta idea, dista mucho de la realidad, debido a los efectos cuánticos que se producen en el átomo y en el mismo electrón y que provocan, que esta anticuada concepción, carezca de sentido.

El electrón, a veces se comporta como una partícula y a veces como una onda. Esto es lo que se llama, dualidad onda-partícula. Además, si el electrón fuese una pequeña bolita de materia, fácilmente se puede comprender, que cuando hacemos que otra partícula choque contra un electrón, éste se desviará al igual que cuando chocan dos bolas de billar.

Pero la velocidad que alcanzará el electrón, como consecuencia de este choque, no puede ser instantáneamente la misma en toda su superficie, porque para ello, se tendría que transmitir la presión del punto de impacto, a la velocidad de la luz, a todo el resto del electrón, lo cual es imposible como sabemos par la teoría de la relatividad. Ello implica conceder que el electrón tiene una estructura interna de forma que la parte más alejada del impacto, tarda en adquirir la velocidad de la parte en donde se produce el impacto, lo que tarda la onda de choque a través del electrón.

De no admitirse esto, es inconcebible que se mueva todo el electrón, pues ¿cómo puede enterarse si no es gracias a esta onda de presión, la parte más alejada del impacto, de que se ha producido éste en la otra parte, y ponerse en movimiento? Pero si el electrón puede comprimirse y puede apretujarse, y en su interior, puede viajar una onda de choque, también debe ser desmenuzable, por lo tanto, no debería ser una parte elemental de la materia, sino que debería estar formado par otros elementos más pequeños, seria divisible. No estaríamos pues ante un "leptón" sino ante otra partícula compuesta, según este razonamiento.

No obstante, todos los experimentos llevados hasta ahora a cabo con el electrón, parecen demostrar, que efectivamente sí que es una partícula fundamental e indivisible de la materia.

Para nosotros, acostumbrados al mundo macroscópico, el visualizar la forma de un electrón, que a la vez es una partícula y una onda, es algo tan complejo, que prácticamente se nos hace imposible.

Lo más cercano a esta visualización, podría ser el concepto de que es algo puntual, rodeado de infinitos fotones virtuales, es decir, fotones que salen de ese punto, describen un pequeño arco, y vuelven a caer en ese punto.

Son infinitas, las posibilidades de trayectorias y distanciamiento, según su energía, de los fotones virtuales que salen del punto, y, por lo tanto, la energía en el punto, tiende al infinito. A su vez, estos fotones virtuales, pueden formar, durante brevísimo espacio de tiempo, otra partícula, con su correspondiente antipartícula, que rápidamente se funden y dan lugar a nuevos fotones virtuales que vuelven a caer en el punto.

Así pues, la visualización de un punto, rodeado de una infinita posibilidad de fotones virtuales, más energéticos cuanto más cerca están del punto, es para mí la visualización más parecida a la realidad, que del electrón puedo tener.

El electrón tiene una unidad entera de carga negativa, así que, si dos electrones se aproximan, se repelen. Pero este acto de repulsión, tampoco se hace como aparentemente ocurre en el mundo macroscópico, en el que par ejemplo, dos imanes, lanzados uno contra otro, con sus polos del mismo signo encarados, se frenarían al irse acercando hasta un punto en el comenzarían a separarse, describiendo seguramente una trayectoria curva (parabólica). Los imanes, al acercarse, van intercambiando fotones entre ellos y de esa forma, sabe uno que se acerca el otro.

Cada fotón intercambiado, desvía ligeramente al imán de su trayectoria, de forma que, en conjunto, los ligerísimos cambios, dan lugar en apariencia a una curva, que realmente estaría formada par una línea quebrada. De la misma forma, ¿cómo se entera el electrón, de la proximidad del otro?

Cuando dos electrones se acercan lanzados uno contra el otro en línea recta (esto es una hipótesis, porque como en otra ocasión veremos, debido al efecto cuántico, nunca podemos estar seguros con un electrón de su trayectoria), hay un momento en el que intercambian un fotón virtual, o bien uno lo lanza y otro lo absorbe, y en ese instante, cambian bruscamente de dirección y se separan.

Naturalmente, nosotros no podemos saber cuál de los dos electrones emite el fotón y cuál lo absorbe, o si son ambos, o si son varios los fotones que intervienen, en cuyo case serian varias las desviaciones bruscas de trayectoria. De esta forma se informa un electrón de la presencia de otro, y es imposible determinar el momento exacto del cambio de trayectoria, pares la emisión y absorción de fotones virtuales es aleatoria.

Volviendo a la visualización del electrón, nótese su semejanza con un ínfimo agujero negro en el que toda masa desaparece y del que están emergiendo continuamente fotones y partículas virtuales que rápidamente vuelven a caer en su interior.

LAS INCONGRUENCIAS DE LOS CUMULOS GLOBULARES

¿Como es posible que unos objetos esféricos, formados por miles y hasta millones de estrellas, que no rotan, viejísimos, que no están en el plano galáctico, sino formando un gran globo a su alrededor, puedan estar en equilibrio durante tantísimo tiempo?

Seguramente que todos los aficionados a la Astronomía, nos hemos deleitado en más de una ocasión, con la observación a través de telescopio de los cúmulos globulares o cúmulos cerrados.

De todos ellos, quizás el más observado sea el objeto Messier 13, situado en la constelación de Hércules, a unos 34.000 años luz y que contiene unas 100.000 estrellas en una radio de 100 años luz.

Con unos buenos prismáticos ya se puede observar como una estrella difusa, aunque solo con telescopio se resuelven las estrellas exteriores, mientras que las mas centrales no pueden resolverse ni con los mayores telescopios.

Otro cúmulo cerrado famoso es el M-3, en Canes Venatice, en el límite meridional de la constelación, conteniendo también unas 100.000 estrellas en una esfera de 65 años luz de diámetro y a unos 60.000 años luz de nosotros, su masa total se cifra en unas 245.000 masas solares.

El número de estrellas de un cúmulo globular puede oscilar entre 50.000 y 50 millones.

Según estos datos, si nuestro planeta estuviese en el interior de uno de esos cúmulos, la luminosidad nocturna proveniente de las estrellas circundantes seria casi similar a la que tenemos en una noche de luna llena.

Ciertamente que el espectáculo de la observación de un cúmulo globular con un buen telescopio es muy bello, pero personalmente, a mí, su observación, me plantea una serie de dudas que quisiera exponer aquí.

Pues bien, hay un montón de peculiaridades que tienen los cúmulos globulares que yo no considero lo suficientemente explicadas, al menos presuponen un reto al sentido común y a la teoría newtoniana de la gravedad, y no es que me fíe yo mucho del sentido común, pues ya D. Albert Einstein demostró que lo insólito puede a veces ser lo verdadero.

En primer lugar, lo primero que llama la atención es que en su mayoría son completamente esféricos, lo cual presupone a su vez que carecen de rotación, pues si rotasen, la fuerza centrífuga les haría aplanarse, como pasa con las galaxias, y, de hecho, alguno que rota muy levemente, también esta ligeramente aplastado, pero estos son una minoría.

El por qué están situados formando un halo alrededor de toda la galaxia, es otra peculiaridad que dejaremos de momento.

Son asimismo extremadamente viejos y formados preferentemente por tanto por estrellas gigantes rojas, aunque también hay enanas blancas, variables del tipo RR Lirae, cefeidas de período largo tipo W Virginis y algunas semirregulares y R V Tauri.

En definitiva, estrellas nada distintas al resto, que cuando el cúmulo fuese más joven, serían más jóvenes, que quizás en su secuencia principal modificasen algo las dimensiones y el equilibrio del cúmulo, pero que no explican por sí mismas nada anormal.

Hasta ahora, el equilibrio que da longevidad a las galaxias, estrellas, planetas alrededor de sus soles, etc., siempre ha estado compuesto por varias fuerzas en equilibrio. Tan solo en el caso de las estrellas, la enorme fuerza expansiva de las explosiones termonucleares de su interior, ha sido capaz de compensar la enorme fuerza gravitatoria y evitar el colapso.

Cuando esas explosiones han cesado por agotamiento del combustible, la estrella se ha contraído para después explotar como nova o supernova dejando la reliquia de una estrella enana o de neutrones o ha implotado convirtiéndose en un agujero negro, y todo dependiendo de su primitiva masa.

En el caso de las estrellas dobles, triples o múltiples, hemos pensado que no se precipitaban unas contra otras porque rotaban entre sí y la fuerza centrífuga mantenía en necesario equilibrio. Hay estrellas dobles tan juntas, que la gravedad entre ellas es tan intensa que se intercambian grandes cantidades de materia y eso a pesar de que rotan entre si a gran velocidad.

Lo que nos ha parecido siempre normal, que además es una ley física, la conservación del momento angular, según la cual para mantener el equilibrio a una mayor concentración de masa le corresponde una mayor velocidad angular, o por explicarlo de otro modo, si dos objetos se acercan, necesitan rotar a mayor velocidad para mantener el equilibrio. Todo: la Tierra, las estrellas de la galaxia, todo se mantiene en su sitio porque a la gravedad se opone la fuerza centrífuga que origina la rotación, todo menos los cúmulos globulares.

En efecto, en un cúmulo cerrado tenemos un racimo de estrellas, que conforman una esfera y que no rotan, sin embargo, se mantienen en equilibrio desde tiempos remotísimos sin precipitarse unas contra otras.

Solo parecen existir dos fuerzas que actúen entre sí para mantener el equilibrio, la GRAVEDAD y LA RADIACION.

O sea, lo mismo que ocurre en el Sol, cuanto más cerca esta una estrella del centro del cúmulo, mayor cantidad de estrellas están atrayéndolo en dirección al centro, pero a la vez mayor radiación recibe de esa dirección que la empuja en sentido contrario.

Dicho así parece elemental el equilibrio, pero yo no lo veo así ni mucho menos, todo lo contrario, el fenómeno dista mucho de asemejarse al equilibrio que logra el Sol o una estrella en su secuencia principal.

En primer lugar, si descomponemos simplificando al máximo las fuerzas actuantes sobre cada estrella con relación a cada una de las otras, tendremos un par de fuerzas que las podemos representar como dos vectores iguales de sentido opuesto. Según esto, podríamos ir anulando pares de vectores hasta dejar dos estrellas solas, sin rotación, a cualquier distancia, mantenidas en equilibrio tan solo por el par radiación-gravedad.

Y yo pregunto: sin rotar, sin fuerza centrífuga, es creíble que una estrella mantenga alejada a la otra, que venza su fuerza de gravedad, ¿solo por la presión de su radiación? Yo, sinceramente no lo creo.

Hagamos ahora una consideración algo más profunda, pensemos lo que ocurrirá cuando nos adentremos mas hacia el centro del cúmulo y analicemos el par de fuerzas actuantes. Pensemos en lo que le pasará a una estrella que tiene ante sí dos o tres estrellas mas, perfectamente alineadas en recta, hacia el centro, cosa lógicamente más probable cuanto más cerca estemos del centro del cúmulo al ser más densa la cantidad de estrellas.

Por una parte, la gravedad de estas estrellas se acumulará, porque la gravedad parece que actúa así, la materia acumula su fuerza, el que le pongamos algo por delante no atenúa su poder, sino que lo refuerza, o sea, si por ejemplo ponemos la Luna pegada a Nueva Zelanda, nosotros nos sentiremos mas pesados, la gravedad para nosotros será mayor, lo mismo le ocurrirá a la estrella de nuestro ejemplo que tenga otra detrás de la de enfrente, pero qué pasará con la radiación de esa estrella tapada por la de enfrente?

Pues que tendrá que atravesar la estrella que está en medio para llegar a la nuestra, y para ello tendrá tal cantidad de obstáculos y choques que solo partículas tipo neutrinos llegaran en el acto, las partículas masivas serán prácticamente retenidas en el astro que está en medio, y precisamente estas partículas son las que mayor presión tipo viento solar iban a oponerse a la gravedad actuante, porque las partículas menos masivas, o los neutrinos que atraviesan fácilmente la estrella del medio también van a atravesar fácilmente a nuestra protagonista sin interaccionar con ella.

En resumen y por lo anteriormente expuesto, el par de vectores gravedad-radiación, se verá modificado a favor de la gravedad en mayor medida cuanto más cerca estemos del centro del cúmulo globular, desequilibrándolo en definitiva y provocando la implosión del sistema.

Pero no, no es así, los cúmulos globulares están ahí, desafiando nuestra lógica. Y yo me pregunto, ¿qué ocurre?, ¿acaso en lo más profundo de su interior existe una fuerza, una especie de radiación desconocida y no detectada que mantiene todo en equilibrio? ¿O acaso la gravedad no actúa como he descrito?, quizás en determinadas circunstancias los escurridizos gravitones actúen de forma particular, o tengan, si existen (de lo que particularmente dudo) una actitud ciertamente caprichosa, o quizás haya fuerzas en los cúmulos que modifiquen su comportamiento o las leyes universales no lo sean tanto y no sean aplicables en los cúmulos... quien sabe...

Cuando a través de vuestro telescopio, observéis un cúmulo

globular, o mientras buscáis en la oscuridad de la noche ese ocular o esa Barlow, que os permitirá apreciar mejor su belleza, pensad también en sus peculiaridades e incongruencias, en su extraño equilibrio.

NOTA ADICIONAL. - El prestigioso astrofísico Ivan R. King, es un estudioso de los Cúmulos Globulares y autor de un estupendo artículo sobre los mismos publicado en la prestigiosa revista "Investigación y Ciencia" en agosto de 1.985.

En su artículo, Mr. King habla entre otras cosas de la extraordinaria antigüedad de los cúmulos (unos 16.000 millones de años), y los sitúa como los objetos más antiguos del Universo, quizás provenientes directamente del Big-Bang.

Lo más curioso del artículo está a en la dificultad a la hora de explicar su evolución dinámica, que Mr. King resuelve mediante una extraordinaria cabriola que cada estrella del cúmulo es capaz de realizar, un movimiento espiral en un plano esférico, algo inverosímil.

A mí me da la impresión de que ha metido en el ordenador una ecuación matemática en la que la pregunta era que deben hacer las estrellas del cúmulo para que el resultado final sea un cúmulo tal y como lo vemos, y el ordenador le ha dado una respuesta en la que la estrella ha de hacer un raro movimiento de acróbata de circo.

Tras el detenido estudio del artículo de Mr. King, he llegado a la única conclusión lógica posible: el mayor convencimiento de las incongruencias y secretos que supone la existencia de estos extraordinarios objetos llamados "cúmulos globulares".

SOBRE LA GRAVEDAD

El exhaustivo estudio de la teoría de relatividad de Einstein, cuya veracidad parece hoy día incuestionable, no ha hecho más que plantearme más incógnitas en la búsqueda de una explicación sencilla, sencillez que es el fin que persigue todo físico para explicar lo aparentemente muy complejo.

Einstein pensó en el gran parecido que existe entre la fuerza gravitatoria y la inercial, hasta el punto de llegar a considerar, que son lo mismo.

En efecto, ¿quién no ha sentido la atracción que ejerce sobre uno mismo el respaldo del asiento de un coche cuando éste acelera? Es más, la fuerza inercial puede compensar perfectamente la gravitatoria.

Piénsese que vamos subidos en una nave especial, lejos de cualquier planeta, en movimiento rectilíneo y uniforme. Si probamos a desviarnos de nuestra trayectoria gracias a los motores de nuestra nave, notaremos cómo somos atraídos a la pared contraria al sitio donde queremos ir.

Si describiésemos una trayectoria circular, seriamos empujados hacia el exterior de ese círculo, podemos pues fácilmente sin mirar al exterior, concebir qué tipo de movimiento estamos realizando. Pensemos ahora que mientras dormimos entramos sin darnos cuenta en órbita de un planeta. Al despertar y si no miramos por la ventanilla, creeremos que seguimos en movimiento rectilíneo uniforme, sin embargo, al mirar nos daremos cuenta que realmente estamos dando vueltas alrededor del planeta. Ningún instrumento, ningún experimento, es capaz de notar la diferencia.

El ejemplo anterior es muy importante por dos razones. Una porque es un claro indicativo de la semejanza entre GRAVEDAD e INERCIA (tanto que son lo mismo), pero, sobre todo, y tómese buena nota, porque nos debe servir de lección, en el futuro, para no fiarnos de nuestros sentidos ni de nuestra lógica.

El mundo de la Física y de la ciencia está lleno de paradojas contrarias a lo que llamamos "sentido común" y son ciertas y han sido difíciles de descubrir par ello, porque nuestra intuición se guía por nuestra experiencia cotidiana, y ante situaciones inverosímiles, fácilmente nos engaña.

En nuestra experiencia cotidiana, no percibimos sin embargo exactamente igual a la inercia y a la gravedad. Fundamentalmente porque la inercia se manifiesta como una fuerza que se opone a cualquier variación de nuestro estado de repose o movimiento y puede tener cualquier dirección, mientras que la gravedad siempre nos atrae hacia el interior de los cuerpos.

Vislumbrar una compatibilización sin embargo no es imposible. Piénsese por ejemplo en lo que ocurriría si todo lo que conocemos estuviese constantemente aumentando de tamaño. Al igual que el Universo, como descubrió Hubble, se expande, que todo, los átomos, las partículas, la luz, el espacio y el tiempo, absolutamente todo, estuviese creciendo sin cesar. Por una parte, nos sería imposible darnos cuenta, porque cualquier "metro", que utilizásemos para medir crecería en la misma proporción. Por otra parte ¿no existiría una fuerza inercial que se manifestaría exactamente como lo hace la gravedad?

Según Einstein, la gravedad es una distorsión en el espacio-tiempo, una rugosidad que se crea par efecto de la masa en nuestro universo de cuatro dimensiones.

Hay cuatro fuerzas fundamentales en la naturaleza:

GRAVEDAD,
FUERZA FUERTE,
ELECTROMAGNETISMO
FUERZA DEBIL.

El gran sueño de Einstein durante toda su vida, fue unificar estas cuatro fuerzas en una única causa común que las explicase todas. Sigue siendo el sueño de casi todos los físicos. Supondría el mayor logro científico de toda la historia de la humanidad.

La gravedad corresponde a la fuerza de atracción que experimentan Los cuerpos debido a su masa, se transmite a grandes distancias.

Entre los años 1900 y 1930, dos físicos famosos, expusieron sendas teorías, cuyo desarrollo ha procurado el mayor éxito intelectual, cultural y tecnológico en la historia de la humanidad. Me refiero a las teorías de Relatividad Especial de Albert Einstein y a la de los "Cuantos", de Marx Planck, posteriormente ampliadas en el caso de la Relatividad General por el mismo Einstein y de otros famosos físicos en el caso de la teoría cuántica.

Hasta el momento, ambas teorías están plenamente confirmadas, y han dado lugar al desarrollo de la moderna física atómica.

La fuerza fuerte es la responsable de que dentro del núcleo atómico permanezcan unidos los protones, cuya tendencia seria separarse de no mediar esta fuerza, porque todos tienen carga del mismo signo (positiva). Sólo funciona a muy cortas distancias.

El electromagnetismo es la fuerza de atracción o repulsión debida a la cargo eléctrica o al magnetismo. Funciona como la gravedad a largas distancias.

La fuerza débil es la responsable de la radioactividad atómica.

El electromagnetismo es a su vez la unión de dos fenómenos

aparentemente distintos en uno solo, ya que es la misma causa la que motiva ambos. Su descubrimiento fue un gran logro dentro de la Física y un estímulo para tratar de hacer lo mismo con el resto de "las fuerzas".

Para que un objeto imponga su influencia a otro, o la reciba de éste, es necesario que de alguna forma informe de su presencia. Esta, se cree, es la única forma de la que pueden actuar "las fuerzas". Por otra parte, esta información no puede viajar a mayor velocidad que la de la luz, que es un condicionante de la teoría de la relatividad.

El gran logro de la unificación del electromagnetismo, fue el descubrir que esta fuerza corresponde al intercambio de fotones entre los objetos a estudio, tanto en el caso de la electricidad como en el del magnetismo.

Animados por este éxito, los físicos trataron de encontrar otras partículas responsables de las otras fuerzas. Se ha logrado recientemente en el caso de la interacción fuerte y débil, y así se ha supuesto que en el case de la gravedad, debe existir otra partícula responsable, a la que se llama gravitón, partícula cuyas características se presuponen: debe ser muy parecido al fotón, es decir, sin masa, y con un spin de dos en vez de uno como el fotón.

Pero hasta la fecha, no ha habido forma alguna de detectar un gravitón experimentalmente, lo cual no deja de ser preocupante, porque si existen deben interaccionar muy fácilmente con la materia (no como los neutrinos, tan livianos que pueden atravesar placas de plomo de años luz de espesor sin colisionar, y que sin embargo se han detectado).

El Universo que detectan nuestros sentidos, tiene tres dimensiones espaciales y una cuarta que es el tiempo. La gran intuición de Einstein fue relacionar el espacio y el tiempo de forma que realmente (y esto va contra nuestro sentido común) son una misma cosa, solamente la velocidad del observador transforma una cosa en otra.

Esto, condiciona el hecho de que la presencia de una masa, crea una rugosidad en nuestro espacio-tiempo de cuatro dimensiones, al igual que un peso en una goma elástica (dos dimensiones), haría rodar hacia él una bola que situásemos en otro punto de la goma.

MAS SOBRE LA GRAVEDAD

Toda la vida, desde mi más tierna infancia, he sentido una gran preocupación - casi obsesiva -, por entender lo que es, y a que se debe, ese fenómeno tan cotidiano llamado fuerza de gravedad.

Cuando leí por primera vez la Teoría de Relatividad, quedé tan impresionado por sus principios ilógicos, tan fuera del sentido común y sin embargo tan verídicos, demostrables de continuo por las mas minuciosas comprobaciones de las experiencias científicas, que mi sueño de adolescente fue ser Físico Nuclear y mi héroe Albert Einstein.

A lo largo de estos años, jamás he dejado de leer todo cuanto en mis manos ha caído sobre la vida y obra de mi héroe y han sido muchas las horas que, en silencio, he meditado sobre esa fuerza misteriosa de la GRAVEDAD, llegando siempre a las mismas conclusiones, intuyendo que estoy de alguna forma cerca de la verdad.

Con el tiempo, y sin perder jamás el respeto al gran científico y ser humano que fue el Sr. Einstein, he aprendido sin embargo a considerar que quizás en algunas cosas no estuvo del todo acertado y que fue tanto el respeto que su hallazgo inspiró, que solo muy pocos científicos han considerado desde entonces la posibilidad de revisar algunas cosas.

Ya el mismo D. Albert, reconoció sus errores en ocasiones, y en otras, el tiempo ha demostrado que teorías (hablo de la cuántica), de las que siempre fue reticente, (Dios no juega a los bolos), hay que admitirlas hoy día como uno de los pilares de la Física moderna.

Cuando estudié los principios en los que se basa la atracción electromagnética y la fuerza fuerte, pensé, como todo el mundo, que la gravedad consistiría en un fenómeno similar, y, como todo el mundo (el mundo que se preocupa por estas cosas, claro está), leí cuanto pude sobre partículas hasta embotar mi cerebro con el mogollón de ellas descubierto, elucubrando cantidad con los quark, primero que si con tres era suficiente para explicarlo todo, después que si cuatro ..., esperando ansiosamente esa "tabla periódica de elementos" formada por ellos y encariñándome especialmente con algunas partículas, como los neutrinos, de características ciertamente llamativas.

Todo ello aguardando que cualquier día apareciese el famoso gravitón, tan escurridizo al parecer, a pesar de que en teoría se conocen sus características físicas, spin, etc., soñé con la tan buscada UNIFICACION de las cuatro grandes fuerzas y me enfrasqué en el estudio del Big Bang, en lo que debió ocurrir en esos primeros minutos (o segundos), tan definitivos para las leyes físicas, cuya universalidad consideré.

Repasé la unidireccionalidad del tiempo y me apasioné con eso tan obvio y sin embargo tan crucial, definitivo e importante que es el constante aumento de la ENTROPIA. Y sin embargo, siempre, en todo momento, tuve y tengo la certeza de que el fenómeno de la GRAVITACION, no se debe a un intercambio de partículas; que inútilmente se busca al gravitón porque este no existe, como en su día no existió el "éter", o la velocidad de la luz no dependía del movimiento del emisor, por mucho que resultase inverosímil y Michelson y Morley repitiesen su experimento (lo cual no obstante y con todo merecimiento hizo de Michelson el primer científico americano con el Premio Nobel e inspiró a Einstein su Teoría de Relatividad).

No es posible tampoco, por el camino hasta ahora usado, encontrar la forma de unificar las cuatro grandes fuerzas, a lo que han dedicado prácticamente toda su vida, sin éxito, grandes físicos contemporáneos.

Yo creo, que lo que pasó, es que instantes antes del Big-Bang, el grumo virtual, creció ACELERADAMENTE, y creció el Espacio, el Tiempo y el Universo, o si se quiere, mejor, las bases para lo que después serían estos conceptos, mientras disminuía la ENTROPIA, pero al cabo de unos instantes, cuando la entropía llegó al mínimo, el grumo se hizo inestable y sobrevino la Gran Explosión, comenzando una DECELERACION, y aunque siguió creciendo todo, no lo hizo ACELERADAMENTE, sino DESACELERADAMENTE, a la vez que empezaba a aumentar la ENTROPIA, está cada vez, MAS ACELERADAMENTE.

Y este es el quid de la cuestión. Fue como una burbuja de jabón que se hincha hasta un límite, perfecta, esférica, después revienta y su contenido se desparrama.

El por qué sucedió así y no de otra forma se puede explicar de muchas formas, algunas de perogrullo, ¿y por qué hubo de ser de otra forma?, lo que hasta ahora se sabe no excluye en absoluto esta posibilidad, como cuando se dice que el Universo es así porque si fuese de otra forma no habría dado lugar a las leyes que nos rigen y seguramente no sería posible la vida tal y como la concebimos, por lo que no estaríamos aquí dándole vueltas al tema, lo que ciertamente no excluye la existencia de otros universos formados por otras burbujas con leyes iguales, semejantes o distintas a las nuestras, pero por supuesto sin ninguna posibilidad de interrelación con el nuestro.

Si esto fuese cierto, y se pudiese demostrar la veracidad de la teoría, por cumplir con todas las leyes físicas observables, si sucedió así, digo, la VELOCIDAD DE LA LUZ no sería ESTABLE, en sí misma, sino sujeta a una DECELERACION CONTINUA.

Claro está que como también el espacio disminuiría, (y aquí me acojo a la T. de Relatividad en lo referente al espacio y tiempo), en la misma proporción, sería imposible medir esta variación desde dentro de nuestro Universo-Tiempo.

Sin embargo, si la velocidad de la luz disminuye para un observador situado fuera de nuestro contexto espacio-tiempo, el espacio (espacio interatómico, interparticular, etc., etc.) ha de DISMINUIR en la misma proporción, de tal forma que lo que se nos manifiesta como GRAVEDAD no es mas que la VARIACION CONSTANTE DE LA VELOCIDAD INERCIAL, motivada por esta disminución interatómica, (confirmando lo mucho que se ha especulado con la similitud entre las variaciones de la inercia y la gravedad).

Estoy de acuerdo con la conocida expresión de que la masa deforma el ESPACIO-TIEMPO, curvándolo, y supongo que no solo la masa, sino también la energía, que en definitiva viene a ser lo mismo, o sea, que proporcionalmente y teniendo en cuenta la fórmula de conversión de masa en energía, ($E=MC^2$), tanto atrae un astro a una emisión de fotones, como el rayo de luz a la masa del astro, lo cual muchas veces no se tiene en cuenta al pensar sobre el tema y sin embargo es fundamental para sacar consecuencias. Pero esta deformación, creo que es una CONSECUENCIA, y no un PRINCIPIO, algo así como tratar de explicar lo inexplicable con palabras.

La concentración en el espacio de masa o energía, produce en otra masa o energía un efecto gravitatorio, directamente proporcional a su cantidad e inversamente proporcional al cuadrado de sus distancias, (como ya descubrió Newton), debido a la concentración del EMPUJE INERCIAL mencionado.

Una consecuencia (y he aquí un reto para los experimentadores teóricos de demostrar la teoría), sería que con la desaparición instantánea de una masa, cesaría también instantáneamente su efecto, (si el Sol desapareciese súbitamente, seguiríamos durante ocho minutos recibiendo su luz, pero sin embargo INSTANTANEAMENTE, cambiaría nuestra trayectoria que sería tangencial a la actual, aunque esto también es una forma de hablar, (ya sé que seguimos una trayectoria recta alrededor del Sol en el ESPACIO-TIEMPO relativista).

Creo, sinceramente, que, si la velocidad de la luz fuese constante, no sería posible la fuerza de la gravedad, en tanto considero a esta como una manifestación inercial del incremento negativo de la velocidad de la luz.

Siguiendo por este camino, se puede explicar, como se comprenderá, a poco que nos pongamos a pensarlo, y por caminos distintos a los usados por Stephen Hawking, el motivo por el que los agujeros negros no pueden ser tan negros, han de emitir y su vida ha de ser igualmente limitada.

Es posible, basándonos en esta teoría, llegar más lejos, y con los conocimientos matemáticos adecuados, calcular, basándonos en la relación masa-energía-velocidad de la luz, el incremento negativo de la velocidad de la luz para que se cumpla la constante gravitatoria, tras lo cual, y sabiendo la edad del Universo, calcular la masa total del mismo, para de una vez salir de dudas sobre si la expansión seguirá hasta el infinito o se invertirá, como a todos nos gusta pensar, en un momento determinado, empezando de nuevo a disminuir la ENTROPIA y variando la flecha del TIEMPO.

TEORIA SOBRE LA LUZ - ATREVIDAS CONCLUSIONES

En adelante, al decir LUZ, nos referimos a cualquier manifestación electromagnética, desde las ondas de radio, de mas baja frecuencia, hasta la luz ultravioleta o los rayos cósmicos.

PRINCIPIOS:

1.- La LUZ es UNICAMENTE un movimiento ondulatorio, y como tal requiere un medio de transmisión.

2.- La LUZ utiliza el "espacio cuántico", es decir, la constante formación - eliminación de partículas virtuales, como medio de transmisión.

3.- El TIEMPO es el ritmo de formación - anulación de partículas virtuales.

CONCLUSIONES:

1.- La materia interfiere la formación de este medio de transmisión, que se hace mas "liviano" o menos denso en su interior, debido a lo cual se explica la menor velocidad de la LUZ en un medio a medida que este aumenta su densidad material.

2.- La materia, según frecuencias, disposición atómica, etc., favorece o cancela la propagación de ondas a su través.

3.- El que el medio de transmisión lo constituyan partículas virtuales explica que no exista traslación medible de la Tierra a través del medio, porque el medio siempre va con nosotros (Experimento Michelson-Morley).

4.- El tiempo se acorta si nos trasladamos a su través, porque para un observador externo, el que viaja se encuentra mas partículas virtuales, que sin embargo son las mismas para el que viaja, hasta un límite que es el propio ritmo de aparición de partículas. (Nueva explicación del fenómeno relativista).

5.- El aumento de masa de una partícula al aumentar su velocidad se debe a que encuentra una mayor cantidad de partículas virtuales en su camino, lo que aumenta no es la masa, sino la fuerza inercial de esa masa. (Nueva explicación del fenómeno relativista).

6.- En el interior de un agujero negro, la masa no deja sitio para la formación del medio de transmisión de la luz, solo existen partículas virtuales en el horizonte del agujero, por eso la luz no puede transmitirse ni propagarse en el interior de un agujero negro. Así pues, no es la gravedad la causa primigenia de la opacidad de los agujeros negros, sino la carencia del medio de transmisión.

7.- La gravedad como fuerza es la manifestación del cambio que localmente experimenta la formación de partículas virtuales, que al disminuir se manifiesta como un incremento de la masa en relación al espacio que la rodea. De ahí que la gravedad se manifieste siempre como una fuerza atractiva de carácter inercial. (Este punto requiere de un posterior y pormenorizado desarrollo).

8.- La desviación de la LUZ al pasar cerca de un campo gravitatorio, así como el incremento negativo del tiempo en presencia de la gravedad, se explican debido a la variación de formación de partículas virtuales en el entorno gravitatorio. En el interior de un agujero negro, en el que no hay formación de partículas virtuales, el tiempo no es que sea cero, es que materialmente no existir como tal concepto.

9.- Si el tiempo lo marca el ritmo de formación de partículas que a su vez determina la velocidad de la LUZ, sería posible, conociendo estos parámetros, averiguar otros, como la relación densidad - tamaño de
estas partículas virtuales y su vida media.

10.- La Relatividad es una consecuencia de lo manifestado, no la causa primigenia, que es lo que expongo. Téngase en cuenta que Einstein la desarrolló con anterioridad a que Planch desarrollase la teoría cuántica. La diferencia es fundamental, pues esta matización sustancial puede cambiar el concepto del Universo y quizás lograr por esta vía la ansiada UNIFICACION DE FUERZAS.

Nota. - Para finalizar este libro y dado que el fenómeno que voy a describir está relacionado con la física de partículas, voy a exponer el por qué nos sentimos mal cuando en algunas zonas costeras, como en Valencia, sopla el viento de poniente:

¿Por qué nos sentimos mal cuando sopla el "PONIENTE"?

Por todos los que vivimos en la costa mediterránea es conocida la sensación de malestar que sufrimos cuando sopla un tipo de viento que denominamos *poniente* por provenir mas o menos de esa dirección. Es un viento cálido y seco en oposición al que normalmente tenemos, húmedo y fresco, denominado *levante*. Esta sensación de malestar también se nota en otras latitudes de todo el mundo con vientos de otras direcciones y denominaciones.

Normalmente atribuimos a ese calor y sequedad ambiental la sensación de malestar, pero nos equivocamos, esa sensación solo se debe en una mínima parte a estos factores. De hecho, en muchos lugares el clima es seco y cálido sin que necesariamente se tenga esta sensación.

La causa hay que atribuirla a un fenómeno relacionado con la *IONIZACION* ambiental.

El aire, como todos sabemos, está constituido en su esencia de moléculas, a su vez formadas por átomos. Los átomos tienen normalmente una carga eléctrica neutra, la carga positiva del núcleo está exactamente equilibrada con la negativa de los electrones que contiene en su corteza. Pero en muchas ocasiones esta carga se ve desequilibrada por las razones que luego veremos, el átomo pierde o gana electrones. En el primer caso se forma un ion positivo y en el segundo un ion negativo.

Esta ionización atmosférica es la causante por ejemplo de

las tormentas. Las distintas capas de aire, al friccionar unas con otras pierden o ganan electrones y se cargan eléctricamente. Y en la búsqueda del equilibrio natural se producen esas descargas que conocemos como rayos.

Pues bien, está científicamente demostrado que la concentración de iones de un sentido u otro es causa fundamental en la forma de sentirnos. Los iones negativos nos hacen sentirnos bien, relajados, tranquilos, mientras que los iones positivos son causa de malestar, desasosiego y hasta depresión, si su absorción es continuada.

El aire cálido llamado *poniente* llega a nuestra costa tras recorrer a ras de suelo muchos kilómetros, procedente de la meseta castellana y es un aire con un enorme contenido en iones positivos. He aquí la causa fundamental de nuestro desasosiego. También producen iones positivos, aunque en pequeño grado las pantallas de televisión y ordenadores, tubos fluorescentes, motores y otros muchos aparatos que funcionan en nuestra civilización industrializada. Por eso trabajar en ambientes cerrados, rodeados de maquinarias pueden producirnos a la larga stress y depresión.

El aire está cargado de malignos iones positivos antes de las tormentas (sensación de agobio), mientras que los beneficiosos iones negativos se producen después de la tormenta o tras una lluvia intensa. También hay una gran concentración de iones negativos en la orilla del mar, bajo una vegetación densa o al lado de una cascada. El agua al caer produce iones negativos.

Hay unos aparatos, llamados *ionizadores* que producen precisamente estos benéficos iones negativos. Se basan en el llamado *efecto corona* que se produce al aplicar una muy alta tensión sobre una superficie acabada en punta.

Los ionizadores provocan una sensación de bienestar, por lo que se usan cada vez más en las habitaciones en las que normalmente pasamos muchas horas. Un ionizador produce además otros curiosos efectos, como por ejemplo eliminar el polvo ambiental (lo pega contra las paredes), por lo que es muy útil para personas asmáticas o alérgicas al polvo y polen. Es curioso observar cómo metiendo un ionizador en un recipiente lleno de humo de tabaco, lo hace desaparecer en breves segundos, por lo que también es muy útil en ambientes cargados de humo, en automóviles de fumadores, etc. etc.

Aunque un ionizador es algo muy sencillo de construir (requiere muy pocos componentes electrónicos), debido a las muy altas tensiones con las que trabaja puede ser peligroso, por ello debe adquirirse debidamente homologado y nunca debe abrirse, por lo demás es algo altamente recomendable.

FIN

www.ingramcontent.com/pod-product-compliance
Lightning Source LLC
Chambersburg PA
CBHW071111240526
45469CB00006BD/2435